新覆面算

続　数のふしぎ・数のたのしみ

山本行雄

ナカニシヤ出版

発刊に寄せて

山本さんは若い頃から魔方陣と虫食い算の両方に深い情熱をお持ちだ。『二兎を追う者は一兎をも得ず』でずいぶん迷われたらしい。パズル懇話会に入会されるときの挨拶文にそのことが書かれている。高木茂男さんから魔方陣を勧められたが、結果は虫食い算の道を歩かれた。これは、「虫食算研究室」を立ち上げた丸尾學さんとの出会いがあったからと推測する。そして、丸尾さんの後任としてご自分でも 6 年間あまり「虫食い算研究室」を担当された。

パズル界も多様化して、投稿を続けられた定期刊行誌「数芸パズル」も後継者難から廃刊となり、山本さんはパズル懇話会の会誌「こんわかい NEWS」に乗り換えられた。1994 年にパズル懇話会に入会するや、毎月発行される会誌に虫食い算の作品を発表された。大型あり・小型ありで、数字を奇数と偶数に表記しただけの作品である。コンピュータの低廉化で難しい問題をコンピュータで作り、コンピュータで解くことが横行するなか、大型の問題でもコンピュータなしで、電卓で解けるのが山本作品の特徴である。それが会員に伝わって、毎月解答を寄せる常連さんが何人も現れた。会員の家族の方からも解答が寄せられることもあった。私もときどき解答させていただいている。

21 世紀になって、「新世紀・新覆面算」と銘打って、積の数値にことわざ・童謡・歌謡曲等の歌詞などを振り付けて、斬新な虫食い算を発表された。そこには山本さんらしい人情味あふれたひとことも書かれている。それがはや 88 回を超えた。

「こんわかい NEWS」は会員に限定しての配布であり、すばらしい作品を会員外の多くの方に見ていただくわけにはいかない。そこで、山本さんの米寿を記念してこれら作品を纏められるとおききした。新しい山本ファンが増加することが期待される。

パズル懇話会会員　武　純也

米寿まえがき

山本行雄

日清、日露の戦争がすんで、平和な大正時代に入り童謡の名作が数多く作られた頃に、私は夫婦共稼ぎの小学校教員の一人息子として生まれました。家では坊や、近所では坊ちゃんと呼ばれ、自分では僕と言っていた幼年時代、父は音楽好き、母は文学好きでしたが、私はその両方の3割程ずつを受けつぎ、残り4割程は数学好きのようでした。兎も角、いろんなものを数えたり統計を取ったり、トランプ等の数字遊びが大好きでした。

小学2年生のある日、クラス担任の先生が休まれ、代わりの先生が見えて黒板に□や○を混ぜた算数の問題をたくさん出され、大変面白いことがありました。ハからモを引いたら何でしょう、から始まって、たぬきの歌を知ってますか、とか突飛な問題が次々に出されました。問題は忘れましたが、私のみ答えることができて嬉しかった事もありました。

反対に私は体が弱く、どんなわけか右手右足が自由にならず、男子組で走ればいつもビリッコ、跳び箱平均台はいつも見学だけでした。ある時、隣の男子組のビリッコさんと一緒に走って追い抜こうとしたトタン、転んで大変な目にあいました。怪我は一日だけでしたが、何時までも残念さが残りました。

憧れの高岡中学には入れましたが、体育の時間に先生がクラスの生徒全員の前で、「山本はいつも一生懸命だから甲をやりたい」と言われたものの、いつも丙でした。体操、教練は5年間3学期合計30個の丙が並んでいました。剣道だけはいつも乙でした。他の教科でも一人息子の我儘か、先生か環境かで好き嫌いが大分ありました。昔話が多い歴史は興味が薄く、化学も鏡が全然作れない等の理由で嫌いでした。結局、私の好きな数学が沢山ある東京物理学校へ入学、2年で数学科に入れました。

しかし、その間に、日米戦争の開始、各都市への大空襲等次第に激しくなりました。2年後、卒業後の進路を決める頃になり、跳び箱さえ跳べない者が教師になれるかとも思って、一応保険会社を第一希望にしましたが、戦争の真っ只中、赤紙が盛んに出る時代だったので、郷土富山県の中学校等6校から攻められ簡単に教師に決定。初め5年は男子校。次20年は私の憧れの母校が高等学校になった所で男女共学。最後の15年は女子校。理想的教師生活に満足し、定年退職しました。

その暫く前の50歳代の時から、ワープロ、パソコン等いろんな便利な機械が出てきましたが、私が特に嬉しかったのは計算がすばらしく速く出来る電卓です。数123456789を素因数分解すればすぐ3・3・3607・3803と出てビックリ。更に数1111111を素因数分解したら239·4649と出て「兄さん苦よろしく」と言っているみたい。これは面白いと思って定年後の一番の趣味にした次第。「春が来た春が来た　どこに来た」等を数字に変えコレクションした次第。この文中の「たぬきの歌」を使えばもう少し簡単な問題になるでしょう。

2009年初夏

目　次

新覆面算《ふくめんざん》

続　数のふしぎ・数のたのしみ

新覆面算《ふくめんざん》の解き方

●それぞれの文字にあてはまる０～９の数字を答えてください

●同じ文字には同じ数字、違う文字には違う数字があてはまります

●□にはどんな数字でも入ります

●ただし、各行左端の□には０以外が入ります

I

ことばと数字

ことばが人びとのコミュニケーションの最も重要な手段であることは繰り返すまでもありません。日本語は五十音の配列でできています。ことばによって人間の生活や考えをあらわすことができますが、それに加えて数字もまた重要です。ふしぎなことに、数もまた数字の配列によってできています。ことばの中でも、くり返し使われ、人びとによく知られているものに、ことわざや金言があり、また有名な俳句などもあります。これらのことばと数字のふしぎな組み合わせを覆面算にとり入れてみました。

年　月　日　時　分

所要時間　分

1 苦あれば楽あり

最初の問題を「くあればらくあり」にしました。覆面算を解く際の苦労と解けた時の楽しみを表しているように思います。やさしい問題ですので、お子さんも考えて下さい。

```
      くあばよ
    ×くくあば
    ──────────
     □□□□□
     □□□□
   □□□□□
 □□□□□
 ──────────
 くあればらくあり
```


正解は次ページのこの欄にあります

年　月　日　時　分
所要時間　分

2　色即《しきそく》是《ぜ》空《くう》

この世のすべては、因縁によって生じた仮の存在で、永久に変わらない確かなものは無い。しかしこの世の一切のものでもあると言うことをあらわすことばです。仏教で、「色」は感覚的に捉えることの出来る物質的存在、「空」は実体が無い、仮のものを言うとのことです。漢字もひらがなと同じように考えて下さい。
〈ヒント〉空を０としゃれてみました。

```
        地即色人
      ×即天空色
      ――――――――
        □□□□□
      □□□□□
    □□□□□
    ――――――――――
    色即是空空即是色
```

①正解　9184 × 9918 = 91086912

年　月　日　時　分

所要時間　　分

3 最善の努力

私が卒業した高岡市立博労小学校では約百年前から卒業時に全員が習字と図画を一枚ずつ学校に残して行くことで有名です。ところが昨年、探してもらったら私の図画の方だけあり、複製して貰いました。「最善の努力」は私が小学校卒業の時、習字に書いて学校に残していった懐かしい言葉です。

```
       さわょいさ
     ×ささんわく
     ─────────
       □□□□□
      □□□□□
     □□□□□
    □□□□□
    ─────────
   さいぜんのどりょく
```


②正解　6321 × 3702 = 23400342

年　月　日　時　分

所要時間　分

4　兄たり難く弟たり難し

「兄たり難く弟たり難し」とは、優劣つけがたいこと。中国の漢時代、陳元方・陳季方という兄弟がいた。それぞれの息子が、どちらの父親が優れているかを論じ合ったところ結論が出ず、そこで祖父の太丘に尋ねたところ、「元方は兄たり難く、季方は弟たり難し」という故事から。

難りたなし

×ろ兄しいろ

□□□□□□

□□□□□□

□□□□□

□□□□□□

兄たり難く弟たり難し

③正解　10821 × 11409 = 123456789

年　月　日　時　分

所要時間　分

5 生きよ正しく明るく強く

日本の戦争末期の直前、私が東京物理学校を半年繰上げ卒業して初めて教壇に立ったのは戦中の昭和 18 年 10 月、神通中（現富山中部高）でした。教師も何時赤紙が来るか分からない時代でした。

終戦後、数学以外に球技でもクイズでも何をやってもよい主任の時間が週 1 時間あるようになり、その時にこの言葉を使っていろいろな試みをしました。

　　　　　生き生くよ生

　　　　×生ま強明正く

　　　□□□□□□□□

　　　□□□□□□□

　□□□□□□□□□

　□□□□□□□

□□□□□□□

生きよ正しく明るく強く

④正解　23470 × 61056 = 1432984320

年　月　日　時　分

所要時間　分

6　奈《な》良《ら》七《なな》重《え》七《しち》堂《どう》伽《が》藍《らん》八《や》重《え》櫻《ざくら》

日本に戦争が無くなって60年以上にもなりますが、未だに昔の風習が残っているものに数え年があります。私の家の宗教「法華宗」だけかと思っていたら町内から米寿祝を頂いてビックリしました。今の処まだ86歳ですが。なんとなく気持がうつり松尾芭蕉作「奈良七重七堂伽藍八重櫻」を問題にしてみました。

```
         奈伽良堂櫻八
       ×奈丸良藍八八
       ─────────────
         □□□□□□□
        □□□□□□□
       □□□□□□□
       □□□□□□
      □□□□□□
  ─────────────────
  奈良七重七堂伽藍八重櫻
```


⑤正解　131951 × 102879 = 13574986929

年　　月　　日　　時　　分

所要時間　　　　分

7　早寝早起き朝ごはん

80歳を過ぎるとパソコンを打っている途中につまらぬ間違いをしたりして、思わぬ迷惑をかけて心配したり、それに対して思わぬお言葉を頂いて逆に喜んだりしてますが、以前は中々作れなかった「はやねはやおきあさごはん」に再度挑戦してみました。

　　　　　　ねねおやおあ
　　　　　×やねごおきく
　　　　　□□□□□□□
　　　　□□□□□□□
　　□□□□□□□
　　□□□□□□
□□□□□□□
はやねはやおきあさごはん

⑥正解　156348 × 106988 = 16727359824

8 論語読みの論語知らず

いくら書物で知識を学んでも少しも実行できないこと、理屈は理解しているが、実際に活用できない者をあざけっていうとの意味であることを承知していますが、よく知られているので挑戦してみました。

```
　　　　　　しみろしみろ
　　　　　×のよよしみず
　　　　　□□□□□□□
　　　　　□□□□□□
　　　□□□□□□□
　　□□□□□□□
　□□□□□□□
□□□□□□□
ろんごよみのろんごしらず
```

⑦正解　220804 × 825079 = 182180743516

年　月　日　時　分

所要時間　分

9 李《すもも》も桃《もも》も桃《もも》のうち

早くちことばでよく知られているので、これは面白いと思って大分考えましたが、中々出来ず普通の問題です。

いちちいやちも
× みやいうすち

□□□□□□□
□□□□□□□
□□□□□□□□
□□□□□□□
□□□□□□□
□□□□□□□

すもももももももものうち

⑧正解　716716 × 844712 = 605418605792

年　月　日　時　分

所要時間　分

10 一難《いちなん》去ってまた一難

新聞やテレビで語呂合わせのような見出しやタイトルが増えているようです。朝の連続ドラマもよく見ますが、いちなんも一難になったり一男になったりしています。

```
      いてっんさっさ
    ×いちいったてち
    ───────────────
      □□□□□□□
     □□□□□□□
    □□□□□□□
   □□□□□□□
  □□□□□□□
 □□□□□□□
──────────────────
いちなんさってまたいちなん
```

⑨正解　1221826 × 381942 = 466666666092

11 便りのないのはよい便り

これもよく知られたことばです。音信が途絶えているからと言って、心配するには当たらないということ。消息が無いのは、変化も無く無事に暮らしている証拠だと言うなかば願いが込められた表現でしょう。

```
          のたいよふたり
        ×よいよいふりた
        ───────────────
          □□□□□□□
      □□□□□□□□
      □□□□□□□
   □□□□□□□
□□□□□□□
───────────────────────
たよりのないのはよいたより
```


⑩正解　1032434 × 1813608 = 1872430561872

年　月　日　時　分

所要時間　分

12 人間《にんげん》万事《ばんじ》塞翁《さいおう》が馬《うま》

「塞翁の息子が落馬して足を折ったおかげで後年兵役を免れ、命を永らえた」という故事から、なんだか私にそっくり当てはまる諺と思ったので、問題にしてみました。出来事の吉凶や幸不幸は後にならないと分からないから、いたずらに喜んだり悲しんだりするものではないと言う教え。

```
          まがんうまうま
        ×   じんおにばま
        ──────────────
          □□□□□□□□
         □□□□□□□□
        □□□□□□□□
       □□□□□□□
      □□□□□□□□
──────────────────────
にんげんばんじ塞おうがうま
```

⑪正解　1604268 × 4040286 = 6481701540648

年　月　日　時　分

所要時間　分

13 瓜売《うりう》り帰《かえ》る瓜売《うりう》りの声《こえ》

語呂合わせには状況のわかりにくいものもありますが、瓜はかつて非常に一般的な食物でした。その振り売りの様子です。

```
　　　　　　　すりすこくすう
　　　　　　×りすのこかるく
　　　　　　──────────
　　　　　　□□□□□□□□
　　　　　□□□□□□□□
　　　　□□□□□□□□
　　　□□□□□□□
　□□□□□□□□
□□□□□□□□
──────────────
うりうりかえるうりうりのこえ
```

14 桃栗三年柿八年

昭和 18 年からの教員時代には謄写版で下手な字ながらどうにか過ごし、昭和 57 年の定年の時に初めてワープロを買い求め、自分で印刷文字で原稿等を作れることを喜んでいましたが、80 歳を越えた頃にはワープロが無くなり、ひまごもいる現在はパソコンで一喜一憂しています。処が、桃栗三年柿八年ではありませんが、パソコンでも苦労を続けると不思議にも被乗数と乗数がそっくりな問題が出来ました。

```
           はちはもはかも
         ×はちかもはかん
         ───────────────
           □□□□□□□□
          □□□□□□□□
         □□□□□□□□
        □□□□□□□□
        □□□□□□□
      □□□□□□□□
      ───────────────────
      ももくりさんねんかきはちねん
```


⑬正解　3730932 × 7310469 = 27274862727108

年　月　日　時　分

所要時間　分

15 成らぬ堪忍するが堪忍

これもよく知られたことわざです。我慢できない限界に達したところを、なお我慢するのが本当の堪忍であるとして、我慢の大切さを説く教訓です。覆面算にのぞむにも大切なこころがまえでしょう。

らくすぬぬがら

×にすんるるらん

□□□□□□□

□□□□□□□□

□□□□□□□□

□□□□□□□

□□□□□□□□

ならぬかんにんするがかんにん

⑭正解　8186876 × 8176870 = 66943020758120

年　月　日　時　分

所要時間　分

16 人酒を飲む、酒酒を飲む、酒人を飲む

酒に関することわざは数多くあります。「酒は百薬の長」から「酒買って尻切られる」までいろいろです。これは、私が初めて見た酒のことわざだったし、楽しく飲んでいた酒も、やがて惰性となり、しまいには酒に飲まれてしまうようになると言いたいこともあったので、これに決めました。

```
　　　　　　　いしむむしやむな
　　　　　　×しを酒むをの人く
―――――――――――――――
　　　　　　□□□□□□□□□
　　　　　　□□□□□□□□
　　　　　□□□□□□□□
　　　　□□□□□□□□
　　　□□□□□□□□
　□□□□□□□□
□□□□□□□□
―――――――――――――――
人酒をのむ酒酒をのむ酒人をのむ
```

⑮正解　2936682 × 4307720 = 12650403785040

年　月　日　時　分

所要時間　分

17 友だちの友だちは友だちだ

テレビで聞いた唄「ともだちのともだちはともだちだ」は、同じ言葉が三つも並んだので、面白いと思って、それを積にした問題です。

とまみちもだはだ

×のとなままこだは

□□□□□□□□□

□□□□□□□□□

□□□□□□□□□

□□□□□□□□□

□□□□□□□□

□□□□□□□□

ともだちのともだちはともだちだ

⑯正解　14334837 × 42032569 = 602530025306253

年　月　日　時　分
所要時間　分

18 なせばなるなせばなるんだなにごとも

不思議という言葉は私もよく使う好きな言葉ですが、同じ不思議でもその現象確率が百分の一程度のものや一億分の一以下の珍しいものなどいろいろあります。

覆面算を色々創作している時に、偶然に全く予想しない不思議な数字が並ぶことがしばしばあります。その時にはその不思議さの確率を計算します。

よく知られたことわざとは少し違いますが、時折感じる実感です。

```
　　　　　　　　だだだだにるごごる
　　　　　　　×とだばせなんるばも
　　　　　　　　□□□□□□□□□
　　　　　　　□□□□□□□□□
　　　　　　□□□□□□□□□
　　　　　□□□□□□□□□
　　　□□□□□□□□□□
　　□□□□□□□□□
　□□□□□□□□□
□□□□□□□□□
なせばなるなせばなるんだなにごとも
```


⑰正解　20345868 × 12700986 = 258412584625848

年　月　日　時　分
所要時間　分

19 松島やああ松島や松島や

松島は50年前の夏休みに同じ高校の先生達約50人と東北周りをした最も良い想い出の所です。少々長いようですが、解き易いくふうはしたつもりです。

```
　　　　　　　　ししみまつみややま
　　　　　　　×ましみあらまみあつ
　　　　　　　　□□□□□□□□□
　　　　　　□□□□□□□□□
　　　　　□□□□□□□□□
　　　　□□□□□□□□□
　　□□□□□□□□□
　□□□□□□□□□
□□□□□□□□□
まつしまやああまつしまやまつしまや
```


⑱正解　111176226 × 813095634 = 90396903965197284

年　月　日　時　分
所要時間　分

20 雪の朝二の字二の字の下駄のあと

間も無く2007年も過ぎようとし、富山県の立山などにも白い雪が降ってきました。「雪の朝　二の字二の字の　下駄のあと」という有名な俳句を想い出し、お世話になっているヘルパーさんにこの句作は芭蕉ですか、一茶ですかと聞いたら「いえいえこれは17世紀の丹波の国の田《でん》 捨女《すてじょ》の作です」と教えられビックリしました。

ゆさじととのゆゆに
×ゆのあとたゆゆのげ
□□□□□□□□□□
□□□□□□□□□
□□□□□□□□□
□□□□□□□□□
□□□□□□□□□
□□□□□□□□□□
□□□□□□□□□
ゆきのあさにのじにのじのげたのあと

⑲正解　113243882 × 213062304 = 24128002412824128

年　月　日　時　分
所要時間　分

21 帯《おび》に短《みじか》し襷《たすき》に長《なが》し

新世紀、新世紀と言っている間にもう９年、私の歳を忘れて言っているからでしょうが。老人になればなるほど１年が短く感ずるのは当然のことですが、私は若い頃と比べると心配することが確かに多くなりました。「帯に短し襷に長し」とは、言うまでもなく、中途半端で役に立たないことのたとえで、ことばを考えていた時の実感です。

漢字でも、ひらがなと同じように考えてください。

```
          長ここし
        ×襷し帯長
        ――――――
        □□□□□
      □□□□□
    □□□□□
  □□□□□
――――――――――
帯に短し襷に長し
```


⑳正解　137660112 × 109641108 = 15093207207084096

II

歌と数字（初級）

ことばと数のふしぎな関係を思いますと、音楽もまたそうです。文字でもなく数字でもない音程も、人々の情感をあらわすたいせつな手段です。

その音程と最も強く直接に結びついているのが歌詞で、その中にはことわざなどと同じように、人々によく知られたものがあり、なつかしい記憶に結びつくものが数多くあります。

歌詞を題材にした覆面算をつくってみました。

22 ひらいたひらいた

♪開いた開いた
なんの花が開いた
れんげの花が開いた
開いたと思ったら
いつのまにかつぼんだ

このわらべうたは作詞、作曲者も作られた年も不明ですが、小学校の指導要領には一年生用に指定されています。子供達が手をつないで円く輪を作り、唱にあわせて開いたり、つぼんだりの動作をして遊ぶ情景が思い浮かびます。この歌のれんげの花とはハスの花のことでレンゲ草ではないそうです。

```
      たろひい
    ×はなひい
    ---------
      □□□□
    □□□□□
    □□□□
  □□□□□
  ---------
  ひらいたひらいた
```


㉑正解　6994 × 7456 = 52147264

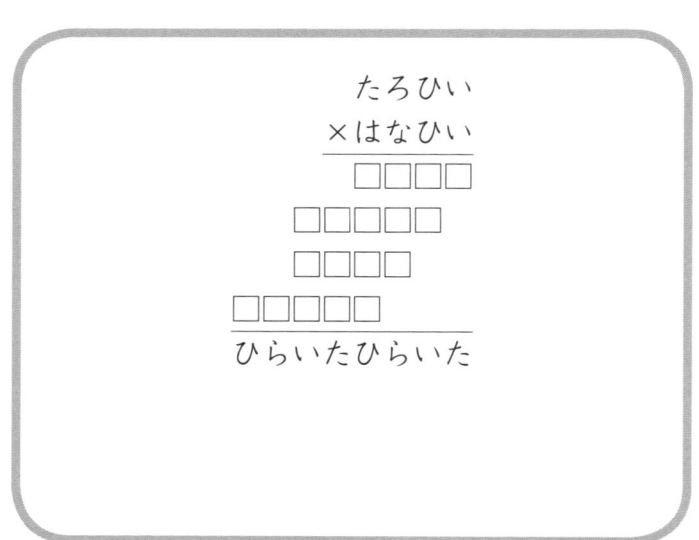

23 七つの子

♪烏　なぜ啼くの
烏は山に可愛い七つの
子があるからよ

可愛　可愛と烏は啼くの
可愛　可愛と啼くんだよ

山の古巣へ
行つて見て御覧
丸い眼をしたいい子だよ

大正10年7月につくられた童謡「七つの子」（野口雨情作詞）の歌い出しです。不思議にも被乗数と乗数がそっくりになった「からすなぜなくの」です。

```
    ぜんぶで
  ×ぜんぶの
   □□□□□
  □□□□□
 □□□□□
からすなぜなくの
```

年　月　日　時　分

所要時間　分

24 花嫁人形

♪きんらんどんすの
帯しめながら
花嫁御寮は
なぜ泣くのだろ

文金島田に
髪結いながら
花嫁御寮は
なぜ泣くのだろ

この詩は大正12年発表です。

美人画家　蕗谷虹児作詞、杉山長谷夫作曲で、恵まれない家庭生活を送った蕗谷氏は、上京して竹久夢二の知遇を得てから運が開けたそうです。そして新潟から不治の病をもつ父を引き取りましたが、虹児のお嫁さんを見なければ、死ぬに死ねない、という父の願いを聞き入れ、婚約者に花嫁衣裳を着せて、危篤の枕元に立たせた後、父は間もなく息をひきとったとの事です。

おしのびの
×やどのおび
□□□□□□
□□□□□□
□□□□□□
□□□□□□
□□□□□□
きんらんどんすのおび

㉓正解　7296 × 7290 = 53187840

年　月　日　時　分

所要時間　分

25　上を向いて歩こう

♪上を向いて歩こう
涙がこぼれないように
思い出す春の日
一人ぼっちの夜

上を向いて歩こう
にじんだ星をかぞえて
思い出す夏の日
一人ぼっちの夜

昭和36年に発表され、「スキヤキ」として全世界に広まった唄です。

孫の一人は９月から上海の大学に留学中です。

先日、その孫から航空便が届き、“おじいちゃんの言葉「自分の特技を伸ばしたら……」に勇気付けられ、様々な事に挑戦しています”にほろりとしました。

```
      うあえまう
     ×うむうこえ
     ──────────
       □□□□□
     □□□□□□
    □□□□□□
   □□□□□□
  □□□□□□
 ────────────
 うえをむいてあるこう
```


㉔正解　71353 × 84375 = 6020409375

年　月　日　時　分
所要時間　分

26 春よ来い

♪春よ来い　早く来い
あるきはじめた　みいちゃんが
赤い鼻緒の　じょじょはいて
おんもへ出たいと　待っている

春よ来い　早く来い
おうちのまえの　桃の木の
つぼみもみんな　ふくらんで
はよ咲きたいと　待っている

これは童謡「春よ来い」の最初の一行ですが、この作詞者相馬御風の名を見て驚きました。それは昭和９年に私が入学した高岡中学の校歌の作詞者と同じだったからです。

```
          はいさむい
        ×やさいこい
        ───────────
        □□□□□□□
       □□□□□□□
      □□□□□□□
     □□□□□□□
    □□□□□□□
  ─────────────────
    はるよこいはやくこい
```


㉕正解　97109 × 93951 = 9123487659

27 幸せなら手をたたこう

♪幸せなら
手をたたこう
幸せなら
手をたたこう
幸せなら
態度でしめそうよ
ほらみんなで
手をたたこう

この歌はアメリカ曲で、きむらりひと訳詞(1964)。航空機事故で突然不幸な目にあった坂本九の唄を、老人施設で聞きました。

人間の幸不幸を考えてみました。充分幸福なら1、その逆を0とする幸福係数で表したら、それが1に近い人、0に近い人、1から0までが複雑に混ざっている人等さまざまです。私は体の面では0に近いものの、総合で1に近いと思っています。

```
      ななこたを
    ×てううたを
   -----------
      □□□□□□□
    □□□□□□□
   □□□□□□□
  □□□□□□□
  -------------
幸せならてをたたこう
```

年　月　日　時　分

所要時間　分

28 こんにちは赤ちゃん

♪こんにちは赤ちゃん
あなたの笑顔
こんにちは赤ちゃん
あなたの泣き声
その小さな手
つぶらなひとみ
はじめまして
わたしがママよ

昭和38年永六輔作詞、中村八大作曲です。この歌の一行目を数字に直し、素因数分解していたら、全く偶然に（確率一万分の一以下）のふしぎな数が出たので、それをヒントにして問題をつくってみました。

〈ヒント〉下の問題で5桁の被乗数「にあゃわか」は因数分解をすると2個の数字で表せます。この被乗数の逆数が括弧内の確率になります。

これで、若干簡単に解くことができます。

にあゃわか
×にんはかにこ
□□□□□
□□□□□
□□□□□□
□□□□□
□□□□□
□□□□□
こんにちはあかちゃん

㉗正解　55608 × 24408 = 1357280064

年　月　日　時　分

所要時間　分

29 川の流れのように

♪知らず知らず　歩いて来た
細く長い　この道
振り返れば　遥か遠く
故郷《ふるさと》が見える
でこぼこ道や
曲がりくねった道
地図さえない
それもまた　人生
ああ　川の流れのように
（下略）

作詞は秋元康氏、作曲は見岳章氏。あの美空ひばりさんが珍しく、この曲をシングル・カットしたいと主張されたとか。

私もこの歌をCD等で聞いているうちに好きになり、これを新覆面算の仲間に入れた次第です。

意味のない字も並んでいますが、一人でも多くの方にと解き易くしたつもりです。

```
      かかかわわわ
   ×  かれかうた
   ──────────────
      □□□□□□□
      □□□□□□
     □□□□□□
    □□□□□□
   □□□□□□
   ──────────────
   かわのながれのように
```


㉘正解　16807 × 143.712 = 2415367584　ヒントは 7^5

年　月　日　時　分

所要時間　分

30 からたちの花

♪からたちの花が咲いたよ
白い　白い　花が咲いたよ

からたちのとげはいたいよ
青い　青い　針のとげだよ

北原白秋作詞、山田耕筰作曲のからたちの花です。

作曲は大正 14 年 1 月 10 日だそうです。

その頃に京都大の理学部を卒業した私の叔父が幼い私によく唄って下さった大好きな曲です。

らいよい花ら
×がらい花ちら

□□□□□□
□□□□□□□
□□□□□□□
□□□□□□□
□□□□□□
□□□□□□

からたちの花がさいたよ

31 椰子の実

♪名も知らぬ遠き島より
流れ寄る椰子の実ひとつ
故郷の岸を離れて
汝はそも波に幾月

私が中学生の頃、NHK から次々に国民歌謡の名作が発表されましたが、特にその代表がこの「椰子の実」です。島崎藤村作詞、大中寅二作曲、共に私は大好きなので、桁数を調整するために、一部を漢字にして出題します。

```
            きしし遠よも
          ×きしなきりり
          ―――――――――――――
          □□□□□□□
        □□□□□□□
        □□□□□□
      □□□□□□
    □□□□□□
    ―――――――――――――――――
    なもしらぬ遠きしまより
```


㉚正解　254592 × 125962 = 32068917504

年　月　日　時　分

所要時間　分

32 コガネムシ

♪黄金虫は
金持ちだ
金蔵建てた
蔵建てた
飴屋で水飴
買って来た

野口雨情作詞、中山晋平作曲で大正 12 年発表。短くて童話風の歌ながら、作詞、作曲者共私のパソコンがいっぺんに正しく姓名を出したほどの有名人です。

20 通り程の案ができましたが、その中から解答の際に試行錯誤の比較的に少ないと思われる問題を選んだつもりです。

こむだがこは
×こねもちかだ
□□□□□□□
□□□□□□□
□□□□□□□
□□□□□□□
□□□□□□□
こがねむしはかねもちだ

㉛正解　200961 × 204288 = 41053920768

年　月　日　時　分

所要時間　分

33 荒城の月

♪春高楼の花の宴
巡る盃かげさして
千代の松が枝わけ出でし
昔の光いまいずこ

左の詩は「荒城の月」（土井晩翠作詞、滝廉太郎作曲）の一題目。詩の意味もよく分からない頃から 70 年間親しんだ曲です。

東京音楽学校編集の「中学唱歌」の一つです。滝氏が応募された作品の一つとのこと。作詞者の生地、仙台の青葉城がそのモデルと言われています。

```
        えるるのなえ
      ×るはのるなえ
      ─────────────
       □□□□□□□
      □□□□□□□
    □□□□□□□
   □□□□□□□
   □□□□□□
 □□□□□□□
 ─────────────────
 はるこうろうのはなのえん
```

㉜正解　182916 × 104352 = 19087650432

34 うさぎとかめ

♪もしもし　かめよ
かめさんよ
せかいのうちに
おまえほど
あゆみの　のろい
ものはない
どうして　そんなに
のろいのか

前世紀最初の1901年7月発表の石原和三郎作詞、納所弁次郎作曲の「うさぎとかめ」です。随分幼稚な歌を…と思われるお方もあるでしょうが、私には80年ほど前に修身で習ったような懐かしい唄です。

小学校に入学した時、私の組は男66人。その中で駆けっこしたら、いつもびりっ子だった私は、唱歌の時間にこの唄になったら、みんな私の方を見ているような気がしました。

```
    もしよめはよんか
×       かよよんよ
─────────────
  □□□□□□□□□
□□□□□□□□
─────────────
もしもしかめよかめさんよ
```


㉝正解　266832 × 618632 = 165070813824

35 わらべうた

♪通りゃんせ　通りゃんせ
ここはどこの細道じゃ
天神さまの細道じゃ
ちっと通して下しゃんせ
ご用の無いもの通しゃせぬ
この子の七つのお祝いに
お札を納めにまいります
いきはよいよい　帰りは恐い
恐いながらも
通りゃんせ　通りゃんせ

このわらべうたは江戸時代から遊びながら唄う歌で、いきはよいよい帰りは恐いは、子供への教訓のような響きをもっています。

作詞は不明ですが、江戸時代に歌われていたと思われる旋律はもっと素朴なものであったといわれます。現在歌われているスローテンポの優雅なメロディーは、大正 10 年、本居長世が補正作曲されたものです。

とおくたたせ
×くんしやくせ
□□□□□□
□□□□□□□
□□□□□□
□□□□□□
□□□□□□□
とおりゃんせとおりゃんせ

㉞正解　32065081 × 10080 = 323216016480

年　月　日　時　分

所要時間　分

36 花

♪春のうららの隅田川
のぼりくだりの船人が
櫂のしずくも花と散る
眺めを何にたとうべき

見ずやあけぼの露浴びて
われにもの言ふ桜木を
見ずや夕ぐれ手をのべて
われさしまねく青柳を

滝廉太郎作曲、武島羽衣作詞の明治33年11月に出版された歌謡組曲の一つでのちに題名が花になったそうです。

これは独立した演奏会用の歌曲としては日本最初のもので伴奏部がすこぶる美しく、滝廉太郎は時に日本のシューベルトと称される、といわれます。

珍しく理想的な数になり、とんとんと作問出来ました。

　　　　　　がはるがすが
　　　　　×るるすらのわ
　　　　　□□□□□□□
　　　□□□□□□□
　　　□□□□□□
　□□□□□□□
□□□□□□□
はるのうららのすみだがわ

㉟正解　129886 × 950496 = 123456123456

年　月　日　時　分
所要時間　分

37 お山の杉の子

♪昔々の　その昔
椎の木林の　すぐそばに
小さなお山が　あったとさ
あったとさ
まるまる坊主の　禿げ山は
いつでもみんなの　笑いもの
「これこれ杉の子　起きなさい」
お日さまニコニコ　声かけた
声かけた

昭和15年頃公募に入選した吉田テフ子さんの詩をサトウハチロー氏が補作、佐々木すぐる作曲で、NHKの「うたのおばさん」を15年続けた安西愛子さん等が唄われて大ヒットした歌だそうです。

```
        むらむむそむ
      ×しそこのこの
      ─────────────
        □□□□□□
      □□□□□□□
      □□□□□□
    □□□□□□□
   □□□□□□□
  □□□□□□□
  ─────────────────
  むかしむかしのそのむかし
```


㊱正解　635616 × 551904 = 350799012864

38 赤とんぼ

♪夕やけ小やけの
赤とんぼ
負われて見たのは
いつの日か

山の畑の
桑の実を
小籠に摘んだは
まぼろしか

大正10年8月樫の実に発表の三木露風作詞、昭和2年山田耕筰作曲の赤とんぼです。NHKが8年前BS20世紀日本の歌を発表の時、視聴者から1700万票、約2万曲の中でこの曲は9位でした。

私が持つCDの歌詞集にも、詩が優しく美しく、懐かしく理解しやすく、メロディーが歌い易い等々素晴らしい歌になっています。

この歌と同じ年月に生まれた私もなんだか嬉しいです。80歳代後半に入った事も。

　　　やのやのぼぼ
　×や赤や赤けの
　□□□□□□□
　□□□□□□
□□□□□□□
□□□□□□□
□□□□□□□
□□□□□□□
ゆうやけこやけの赤とんぼ

㊲正解　464474 × 879292 = 408408272408

年　月　日　時　分

所要時間　分

39 う　み

♪うみは　ひろいな
大きいな
月が　のぼるし
日がしずむ

うみは　大なみ
あおいなみ
ゆれて　どこまで
つづくやら

私は50日間の入院生活で寿命は延びたものの、脚力が急に低下したので、家内と共にその後高岡市雨晴（アマバラシ）の老人施設に入居、私らの4階の窓からは世界に三つしかないといわれるほどの風景、海の向こうに立山連峰の絶景が見えます。

今回は林柳波作詞、井上武士作曲のうみ。さくらを396にしたような語呂あわせ数字を多く入れたつもりです。

ひひひひはなき
×さはいおはさ
□□□□□□□
□□□□□□□
□□□□□□□
□□□□□□□
□□□□□□□
うみはひろいなおおきいな

㊳正解　868644 × 838316 = 728198163504

年　月　日　時　分

所要時間　分

40 炭坑節

♪月が出た出た
月が出たヨイヨイ
三池炭坑の上に出た
あんまり煙突が高いので
さぞやお月さんけむたかろ
サノヨイヨイ

この歌の作詞、作曲、作年を知りませんが、昔から大衆に親しまれ、歌われています。

ほんのりしたユーモアがあって、若い頃､満月の晩などによく唄いました。

つつつのつたた
× ついつきでも

□□□□□□□
□□□□□□□
□□□□□□□
□□□□□□□
□□□□□□□
□□□□□□□

つきがでたでたつきがでた

㊴正解　1111879 × 385083 = 428165700957

年　月　日　時　分

所要時間　分

41 背くらべ

♪柱のきずは　おととしの
五月五日の　背くらべ
粽たべたべ　兄さんが
計ってくれた　背のたけ
きのう比べりゃ　何のこと
やっと羽織の　紐のたけ

大正８年、東京日日新聞に投稿され入選した海野厚作詞、中山晋平作曲の「背くらべ」です。

子供の日になると、今でもラジオやテレビで歌われます。「この歌はすべて静岡の自宅で作った生活の記録である。この曲も今の教科書からは消えているのは残念」とレコード歌詞集に書いてありました。

```
    とはきとせせも
  ×   ずののおもと
  ─────────────
     □□□□□□□
    □□□□□□□□
   □□□□□□□□
  □□□□□□□
  ─────────────
  はしらのきずはおととしの
```

年　月　日　時　分

所要時間　分

42 月の沙漠

♪月の沙漠をはるばると
旅のらくだが行きました
金と銀とのくら置いて
二つならんで行きました

金の鞍には銀のかめ
銀の鞍には金のかめ
二つのかめはそれぞれに
ひもで結んでありました

加藤まさを作詞、佐々木すぐる作曲の「月の沙漠」です。

メルヘン調のこの歌も、昭和の初め、蓄音機のハンドルを廻しながら聞いた小学生時代が懐かしいです。

80 歳を過ぎた私は介護の方々のお世話になっていますが、自分の車椅子から水中に入る車椅子に乗り換えて 1 千万円以上とかの浴槽につかり体を十二分に洗って貰える幸せを満喫しています。

ききききのつつき
×　　をるさつは
□□□□□□□□□
□□□□□□□□
□□□□□□□□□
□□□□□□□□□
つきのさばくをはるばると

㊶正解　2812995 × 300752 = 846013872240

年　月　日　時　分
所要時間　分

43 てるてる坊主

♪てるてる坊主てる坊主
あした天気にしておくれ
いつかの夢の空のよに
晴れたら金の鈴あげよ

浅原鏡村作詞、中山晋平作曲の「てるてる坊主」です。昔、北陸地方では2月には毎日雪が降り積もり、色々悩んでてるてる坊主を作った子供たちも多かったのでしょう。

大正10年は私が生まれた年ですが、赤とんぼ、七つの子など有名な童謡が沢山生まれた年でもあります。

ぱずるもてる
×るりこもぱず
□□□□□□
□□□□□□
□□□□□□□
□□□□□□□
□□□□□□□
てるてるぼうずてるぼうず

㊷正解　3335113 × 40716 = 135792460908

44 朝はどこから

♪朝はどこから　来るかしら
あの空越えて　雲越えて
光の國から　来るかしら
いえいえ
そうではありませぬ
それは希望の家庭から
朝が来る来る　朝が来る
「お早う」「お早う」

私が好きな曲でしたが、朝日新聞が昭和21年、暗い戦後を明るくしようと一般から懸賞募集し、応募作品一万篇余の中から一等当選された詞、森まさる作詞、橋本国彦作曲と分かりました。

戦後の復興も仲々でしたが、この歌もそのお役に立ったのでしょう。

今日、思いがけない事件が次々と生じますが、ここらで又、このような歌が生まれれば良いのになぁと思います。

```
        あこはらしら
      ×はどああしら
      ─────────────
        □□□□□□
       □□□□□□
      □□□□□□
     □□□□□□
    □□□□□□
  □□□□□□□
  ────────────────────
  あさはどこからくるかしら
```


㊸正解　246016 × 657024 = 161638416384

年　月　日　時　分

所要時間　分

45 汽　車

♪今は山中　今は浜
今は鉄橋　渡るぞと
思う間もなく　トンネルの
闇を通って　広野原

遠くに見える村の屋根
近くに見える町の軒
森や林や田や畑
後へ後へと飛んで行く

明治45年3月尋常小学唱歌（3）に載った歌ですが、作詞者不詳、大和田愛羅作曲です。なにしろ百年程前の歌ですが、私には歌いやすく懐かしい曲です。

半年前、私の家にも薄型液晶テレビを入れ、鮮やかな画面に映る内容までが、急に高尚なものに感じられました。

ラジオやテレビのない百年前の新世紀の人達は汽車の素晴らしさを喜んだのでしょう。

きいぽぽぽな
×なかいぽぽま
□□□□□□□
□□□□□□□
□□□□□□□
□□□□□□
□□□□□□□
□□□□□□□
いまはやまなかいまははま

㊹正解　178525 × 831125 = 148376590625

46 この道

♪この道はいつか来た道
ああ　そうだよ
あかしやの花が咲いてる

あの丘はいつか見た丘
ああ　そうだよ
ほら　白い時計台だよ

この道はいつか来た道
ああ　そうだよ
お母さまと馬車で行ったよ

北原白秋作詞・山田耕筰作曲の「この道」です。

白秋は発表する一年前樺太に観光旅行をし、その帰路、団体と別れ友人と二人で北海道旅行をした時、札幌市北一条通りに立ち、アイデアを掴んだそうです。

この曲は童謡か、歌曲か？　随分迷った末、耕筰が曲を受けた段階で歌曲と判断した、と言われています。

みのききちみ
×ちいききはか
□□□□□□□
□□□□□□□
□□□□□□□
□□□□□□□
このみちはいつかきたみち

㊺正解　429996 × 652998 = 280786528008

47 森の水車

♪緑の森の彼方から
陽気な唄が聞こえましょう
あれは水車の廻る音
耳を澄ましてお聞きなさい
コトコトコットン
（中略）
仕事に励みましょう

昭和17年に作られた「森の水車」。清水みのる作詞、米山正夫作曲、高峰秀子唄です。歌詞が大戦遂行を強要しているとの事で埋もれそうでしたが、昭和26年に並木路子唄となって再登場し、有名になりました。旧レコードの復刻版に、偶然裏面に私の父が昭和10年に作曲した「越中思へば」（東海林太郎唄）も復刻されたので、私宛に送られて来ました。

みみのららら
×くどくなたな
□□□□□□□
□□□□□□□
□□□□□□□
□□□□□□□
□□□□□□
□□□□□□□
みどりのもりのかなたから

㊻正解　780027 × 240036 = 187234560972

III

歌と数字（中・上級）

覆面算の問題をつくる時は、まず積の方に2・3・5などの小さい素数をなるべく多く含む数を選び、被乗数と乗数の組を20前後つくります。その中から解き易いとか、面白い数が並んだ時とか、乗数が言葉におきかえられるとかいったものを選んで、問題をつくっていきます。

北原白秋作詞「この道」（46の問題）の時には、「この道は……」と口ずさみながら、なんとなく数を並べて素因数分解をしたら、面白い数字の配列になったので、大きな鯛でも釣ったような喜びでした。

ここには、積が13桁から17桁になったものを集めてみました。

年　月　日　時　分
所要時間　分

48 鞠と殿様

♪てんてんてんまり
てんてまり
てんてん手鞠の
手がそれて
どこからどこまで
とんでった
垣根をこえて
屋根こえて
おもての通りへ
とんでった　とんでった

「西条八十のコミカルな詞に、中山晋平の軽快なメロディーがついて、思わず一緒に唄いたくなるような歌ですね」とCD付録の歌詞集にあります。八十氏は数字だけの名前だったのと父と同年生まれ（明治25年）なので私は子供の時から好きでした。

　あかだまかまま
×てだまはじまり

□□□□□□□
□□□□□□□
□□□□□□□
□□□□□□□
□□□□□□□
□□□□□□□
□□□□□□□

てんてんてんまりてんてまり

㊼正解　337888 × 919656 = 310740726528

49 里の秋

♪しずかな　しずかな
里の秋
お背戸に　木の実の
落ちる夜は
ああ　母さんと
ただ二人
栗の実　煮てます
いろりばた

つい先日テレビで聞きました。この歌、昭和16年斉藤信夫作詞、昭和20年海沼実作曲で、私のCDは川田正子さんが綺麗な声で歌われていますが、お亡くなりになられたそうです。残念ですね。

```
      かのなのかずか
    ×かときあこのこ
    ───────────────
      □□□□□□□□
     □□□□□□□□
    □□□□□□□□
   □□□□□□□□
   □□□□□□□
  □□□□□□□
  ─────────────────
  しずかなしずかなさとのあき
```


㊽正解　1047077 × 3472875 = 3636367536375

50 夕焼け小焼け

♪夕焼け小焼けで
日がくれて
山のお寺の　鐘がなる
お手々つないで
みな帰ろう
烏といっしょに
帰りましょう

スウドクは、アメリカで誕生し、日本語の名で流行したものです。パズル通信『ニコリ』がヨーロッパ等20ヵ国以上の新聞や雑誌に問題を提供しているとの事(秋山久義氏著『パズル読本』より)。喜ばしいことです。新覆面算もそれに倣ってささやかながら続けたいと思っています。

大正12年中村雨虹作詞、草川信作曲の夕焼け小焼けの最終行です。

んのらしいしほ
×そしらのにはし
□□□□□□□
□□□□□□□
□□□□□□□
□□□□□□□
□□□□□□□
□□□□□□□
そらにはきらきらきんのほし

㊾正解　2070252 × 2186909 = 4527452731068

年　月　日　時　分
所要時間　　分

51 かたつむり

♪でんでん虫々　かたつむり
お前のあたまは　どこにある
角だせ槍だせ　あたまだせ

でんでん虫々　かたつむり
お前のめだはま　どこにある
角だせ槍だせ　めだまだせ

この童謡は作詞・作曲者とも不詳ですが、明治 44 年尋常小学 1 年の唱歌です。

かたつむりは、昭和の初め小学生になった子供にも簡単に捕まえられ、私もよく遊んだことを思い出しました。

かりたたつたた
×でたんんむやり
□□□□□□□
□□□□□□□
□□□□□□□
□□□□□□□
□□□□□□□
□□□□□□□
でんでんむしむしかたつむり

㊿正解　1074546 × 3470284 = 3728979791064

52 ちんちん千鳥

♪ちんちん千鳥の啼く夜さは
啼く夜さは
硝子戸しめてもまだ寒い
まだ寒い

ちんちん千鳥の啼く声は
啼く声は
燈を消してもまだ消えぬ
まだ消えぬ

この童謡「ちんちん千鳥」は北原白秋作詞、近衛秀麿作曲（大正 10 年）です。千鳥は私の住んでいる富山県では稀に見るだけですが、私と同年生まれのこの曲を選びました。

〈ヒント〉被乗数、乗数、積の下２桁が同じ。演算部の桁数にもご注意を。

　　　　　　のちのちはさは
　　　　　×さのんなりさは
　　　　　□□□□□□□□
　　　　　□□□□□□□
　　　□□□□□□□□
　　□□□□□□□□
□□□□□□□□
□□□□□□□
ちんちんちどりのなくよさは

51正解　1022922 × 5233680 = 5353646412960

年　月　日　時　分
所要時間　　分

53 さくらさくら

♪さくら　さくら
弥生の空は
見渡すかぎり
かすみか雲か
匂いぞ出ずる
いざや　いざや
見に行かん

　これは日本古謡で、百年も昔から日本人なら誰でも知っているわらべ歌の一つです。東京の板橋では、「通りゃんせ」のようなくぐり歌になっていたとの事。
　私は積の文字を唄いながら数字に直していった事をヒントにして、簡単な問題にしたつもりです。

```
       いらそらよらは
     ×のさくさはさら
     ──────────────
       □□□□□□□
      □□□□□□□
    □□□□□□□
  □□□□□□□□
  □□□□□□□
 □□□□□□□
 ──────────────────
 さくらさくらやよいのそらは
```


㊿正解　3939525 × 2307625 = 9090946378125

年　月　日　時　分
所要時間　分

(54) ねんねんころりよ

♪ねんねんころりよおころりよ
ぼうやは良い子だ
ねんねしな

ぼうやのおもりは
どこへいった
あの山越えて里へいった

里のみやげになにもろた
でんでんだいこに
しょうの笛

この子守唄は江戸の子守唄とも言われる日本古謡です。作詞、作曲はわかりません。私は80年程前母の背で聞いたような気がします。

この問題は定期検診の為、入院中に10桁電卓で作ったのですが、不思議な問題になりました。

```
　　　　　　こよいはよこよ
　　　　　×ろおろこさんよ
―――――――――――――
　　　　　□□□□□□□□
　　　　　□□□□□□□
　　　　□□□□□□□
　　　□□□□□□□
　　□□□□□□□
□□□□□□□
―――――――――――――
ねんねんころりよおころりよ
```


(53)正解　1656460 × 2393036 = 3963968412560

年　月　日　時　分
所要時間　分

55 あめふり

♪あめあめ　ふれふれ
かあさんが
じゃのめで　おむかえ
うれしいな
ピッチピッチ
チャップチャップ
ランランラン

かわいらしい童謡ですが、大正14年11月北原白秋作詞、中山晋平作曲です。

私は一昔前の幼稚園時代を想い出しました。

この中でとくにカタカナ部分の表現、さすが白秋さんと思いました。

上の一行目の13文字をなるべく多くの素因数を含む13桁の数に直した20余りの中から解き易い問題になったものを選んだのが下の問題です。

```
　　　　　　さんれつがかあ
　　　　　×かんかつがががが
　　　　　　□□□□□□□
　　　　　□□□□□□□
　　　　□□□□□□□
　　□□□□□□□□
　　□□□□□□□
　□□□□□□□
□□□□□□□
あめあめふれふれかあさんが
```

(54)正解　1679616 × 5051246 = 8484153601536

年　月　日　時　分

所要時間　分

56 おもちゃのマーチ

♪やっとこやっとこ
くりだした
おもちゃのマーチが
らったった
人形のへいたい
せいぞろい
おうまもわんわも
らったった

「おもちゃのマーチ」は海野厚作詞、小田島樹人作曲の童謡（大正 12 年）です。

私が小学生の頃、学芸会で聴いたり、見たりしました。

〈ヒント〉この問題は珍しく乗数が積の下 5 桁と一致します。上 8 桁は 10001 の倍数と判れば後は簡単。

10001 ＝ 73 × 137 であることもいっておきましょう。

					っ	や	り	ま	ま	ま	ま	し
				×				く	り	だ	し	た
					□	□	□	□	□	□	□	□
				□	□	□	□	□	□	□	□	
		□	□	□	□	□	□	□	□	□		
	□	□	□	□	□	□	□	□	□			
□	□	□	□	□	□	□	□	□				
や	っ	と	こ	や	っ	と	こ	く	り	だ	し	た

55正解　1209856 × 5259888 = 6363707056128

57 牛若丸

♪京の五条の橋の上
大のおとこの弁慶は
長い薙刀ふりあげて
牛若めがけて切りかかる

牛若丸は飛び退いて
持った扇を投げつけて
来い来い来いと欄干の
上へあがって手を叩く

作詞・作曲者は不詳だそうですが、明治44年の尋常小学唱歌（1）に載った追憶の詩です。昭和の初めに小学校に入学した私もよく唄いました。昭和12年中学の修学旅行でタクシー分乗して京都見物した晩に五条大橋のすぐ傍の旅館に泊まったのを懐かしく思い出しました。

ししじはろごろ
×しうきのろええ
□□□□□□□
□□□□□□□
□□□□□□□□
□□□□□□□
□□□□□□□□
□□□□□□□□
きょうのごじょうのはしのうえ

56正解　43800001 × 78912 = 3456345678912

58 砂　山

♪海は荒海
向こうは佐渡よ
すずめ啼け啼け
もう日はくれた
みんな呼べ呼べ
お星さま出たぞ

北原白秋作詞の砂山です。大正11年9月に発表。作曲は中山晋平、山田耕筰の2曲あるといいます。

これはリゾートビラ雨晴の私の居室から見てピッタリの海景色。佐渡は見えないが、居室が百階程の高さなら確かに見える筈。

すずめは滅多に見ないが鳶は群をなして盛んに飛んでいます。

夜になったら漁船の灯火が、遙か水平線上に並びます。

```
      むらむうこみよ
    ×うむむみさみよ
    ──────────────
      □□□□□□□□
     □□□□□□□□
   □□□□□□□□
  □□□□□□□□
 □□□□□□□□
 □□□□□□□
──────────────
うみはあらうみむこうはさどよ
```


(57)正解　4478656 × 4310622 = 19305793084032

年　　月　　日　　時　　分

所要時間　　　　分

59 兎のダンス

♪ソソラ　ソラ　ソラ
兎のダンス
タラッタ　ラッタ　ラッタ
ラッタ　ラッタ　ラッタ　ラ
脚で　蹴り蹴り
ピョッコ　ピョッコ　踊る
耳に鉢巻き
ラッタ　ラッタ　ラッタ　ラ

この童謡は野口雨情作詞、中山晋平作曲の「兎のダンス」。このコンビの童謡は大正の終わり頃たくさん出たようです。

雨情氏は餅が大好きで、それを焼いて、膨らんだり凹んだりする様子を見て、兎のダンスの詩を作ったという、と最近出版の日本の童謡・唱歌名曲五十選にありました。

私は、幼稚園か小学校低学年の頃、学芸会で楽しみました。

```
              だんさらそさのら
           ×  だだすんだんす
       ──────────────────
              □□□□□□□□□
              □□□□□□□□
             □□□□□□□□
            □□□□□□□□
          □□□□□□□□□
          □□□□□□□□
         □□□□□□□□
       ──────────────────
         そそらそらそらうさぎのだんす
```

㊽正解　7571836 × 1773036 = 13425137814096

年　月　日　時　分

所要時間　　分

60 おさるのかごや

♪えっさえっさ
えっさほいさっさ
おさるのかごやだ
ほいさっさ
日暮れの山道　細い道
小田原ちょうちん
ぶらさげて
それ　やっとこ　どっこい
ほいさっさ

申年にちなんで山上武夫作詞、海沼実作曲（昭和13年）を。

賀状に、みざる　きかざる　いわざるが多いので、それを積にした問題をと思ったけれど、やはり童謡にしました。

その中に、猿の絵に並べて「世の中をよく見据え、言うべき事をいい、人の意見は良く聴き、方向を間違えないよう頑張りましょう」と書いてある娘婿から来た一枚に同感しました。

　　　　さるええはるさ
　　　×はえっさはささ
　　　□□□□□□□□
　　□□□□□□□□
　　□□□□□□□□
　□□□□□□□□
　□□□□□□□
□□□□□□□□
□□□□□□□□
えっさえっさえっさほいさっさ

(59)正解　24365376 × 2284248 = 55656561397248

年　月　日　時　分

所要時間　分

61 隣　組

♪とんとん　とんからりと
隣組
格子を開ければ
顔なじみ
廻して頂戴　回覧板
知らせられたり
知らせたり

明るく庶民的な歌詞で唄いやすいので、昭和15年、隣組が組織されたのを機に岡本一平作詞、飯田信夫作曲の国民歌謡で徳山たまき氏が唄ったもの。

大阪の孫が高岡へ来る車中で読んで「爺ちゃんも読んだら」と言って置いていった、楠かつのり著『からだが弾む日本語』（宝島社）の中にあった説明です。

りんんとぐんなみ
× なんぐらむのみ
□□□□□□□□□
□□□□□□□□
□□□□□□□□□
□□□□□□□□□
□□□□□□□□□
□□□□□□□□□
とんとんとんからりととなりぐみ

62 ぞうさん

♪象さん　象さん
おはながながいのね
そうよ　母さんも
ながいのよ

象さん　象さん
誰がすきなの
あのね母さんが
すきなのよ

この童謡は、まどみちを作詞、団伊玖磨作曲。手元の2冊の童謡・唱歌に計346曲の歌がありますが、虎や熊など獰猛な動物の歌は全く無いけれど、珍しく象さんの歌を見つけたので、今月の曲にしました。

んんはのねんねね
×ねねねがなおおの
□□□□□□□□
□□□□□□□□
□□□□□□□□
□□□□□□□□
□□□□□□□□
□□□□□□□□
象さん象さんおはながながいのね

㉑正解　50047086 × 8073216 = 404040935448576

63 春が来た

♪春が来た　春が来た　どこに来た
山に来た　里に来た　野にも来た

花がさく　花がさく　どこにさく
山にさく　里にさく　野にもさく

鳥がなく　鳥がなく　どこでなく
山でなく　里でなく　野でもなく

　心はずむ歌です。
　雪国で生活をしていると、この気持がとりわけよくひびいてきます。

```
        はるるやはたにた
      ×はつつきがたたこ
      ─────────────
        □□□□□□□□
       □□□□□□□□
      □□□□□□□□
     □□□□□□□□
    □□□□□□□□
  □□□□□□□□
─────────────────
はるがきたはるがきたどこにきた
```


㉒正解　11964144 × 44427006 = 531531097272864

年　月　日　時　分

所要時間　分

64 夕　日

♪ぎんぎんぎらぎら
夕日が沈む
ぎんぎんぎらぎら
日が沈む
まっかっかっか
空の雲
みんなのお顔も
まっかっか
ぎんぎんぎらぎら
日が沈む

これは大正10年葛原しげる作詞、室崎琴月作曲です。この年「赤とんぼ」「七つの子」等沢山の童謡が生まれました。室崎氏は高岡市出身です。

私も大正10年高岡で生まれました。今日の出生時刻に満3萬日になります。

明治22年4月1日、日本に初めて32の市が誕生しましたが、高岡は唯一の人口が3萬に満たない最小の市でした。

ししがぎうひずむ
×ずむうんしうずむ

□□□□□□□□
□□□□□□□□
□□□□□□□□
□□□□□□□□
□□□□□□□□
□□□□□□□□
□□□□□□□□

ぎんぎんぎらぎらゆうひがしずむ

63正解　12291585 × 10043557 = 123451234567845

年　月　日　時　分
所要時間　分

65 雪の降る街を

♪雪の降る街を
雪の降る街を
想い出だけが
通りすぎてゆく
雪の降る街を
遠い国から　落ちてくる
この想い出を
この想い出を
いつの日かつつまん
あたたかき幸せのほほえみ

昭和28年NHK発表「雪の降る街を」(内村直也作詞・中田喜直作曲)。

これは作詞者原作の約三年続いたラジオドラマ「えり子とともに」の挿入歌で、中田喜直作曲の代表的抒情歌だそうです。

CDでこの歌を聞いた時、子供の頃、降りしきる雪をぼんやりと眺めていたら身体がすうっと空に上って行くような気がした事を思い出しました。

```
       ふゆはちちるはき
      ×ふをるまをさちを
       ─────────────────
       □□□□□□□□□
      □□□□□□□□□
     □□□□□□□□□
    □□□□□□□□□
   □□□□□□□□□
  □□□□□□□□□
 □□□□□□□□□
□□□□□□□□□
─────────────────
ゆきのふるまちをゆきのふるまちを
```


(64)正解　11836725 × 25601625 = 303039394678125

年　月　日　時　分
所要時間　分

66 出船の港

♪ドンと　ドンと　ドンと
波のり越えて
一ちょ二ちょ三ちょ
八ちょ櫓で
飛ばしゃ
サッと上がった　鯨の汐の
汐のあちらで
朝日はおどる

この歌は時雨音羽作詞、中山晋平作曲で、大正14年正月、講談社から月刊キングが創刊された機会に作られた歌です。

実は、私が子供のときからレコードで何度も聞いた好きな歌でした。

この歌にくりかえし言葉が多いし、初めの歌詞を数に直したら丁度面白い問題になると思ったので、パソコンで原稿を作りました。

```
　　　　　　　　なドてえとのなて
　　　　　　　　×ドててのこのえ
　　　　　　　□□□□□□□□□
　　　　□□□□□□□□□
　　□□□□□□□□□
　□□□□□□□□□
　□□□□□□□□
　ドンとドンとドンとなみのりこえて
```


⑮正解　87044301 × 82352942 = 7168354271683542

年　月　日　時　分
所要時間　分

67 グッドバイ

♪ぐっどばい
ぐっどばい
ぐっどばいばい
父さん　おでかけ
手をあげて
電車に　乗ったら
ぐっどばいばい

これは佐藤義美作詞、河村光陽作曲、昭和25年河村順子さんの歌で発表され、大ヒットしたそうです。

幼児対象の歌のため、「別れも楽し」と一日中の出来事を次々とグッドバイしていく詩になっています。私もラジオ等で自然に曲を知っていました。

訳あってグッドバイを平仮名にしました。

　　　　　　ささよっうばどうささ
×　　　　　うばさばばばうい
―――――――――――――――――
　　　　　　　　□□□□□□□□□□
　　　　　　　□□□□□□□□□□
　　　　　　□□□□□□□□□□
　　　　　□□□□□□□□□□
　　　　□□□□□□□□□□
　　　□□□□□□□□□□
　　□□□□□□□□□□
　□□□□□□□□□□
―――――――――――――――――
ぐっどばいぐっどばいぐっどばいばい

⑯正解　71865078 × 18804006 = 1351351357902468

68 月

♪でたでた月が
まるい　まるい
まんまるい
ぼんのような　月が

かくれた雲に
くろい　くろい
まっくろい
すみのような　雲に

この童謡は明治43年の尋常小学読本唱歌に載っていたそうですが、作詞・作曲者共不詳だそうです。大正や昭和の子供は皆知っていたでしょう。

しかし、すみのように黒い雲とは想像しにくいように思いました。

この唄のように新覆面算に出す積には同じ仮名文字が多いものを選んでいます。

でるたにした月るい
×でまにまにるるにん
□□□□□□□□□□
□□□□□□□□□
□□□□□□□□□□
□□□□□□□□□□
□□□□□□□□□
□□□□□□□□□
□□□□□□□□□
でたでた月がまるいまるいまんまるい

⑥⑦正解　1134578511 × 57177752 = 64872648726487272

IV

ことば遊びと数あそび

私は数のふしぎさや、数の配列のおもしろさがたのしみです。

2001年8月4日の私の誕生日に、誕生から傘寿までの秒数を数えたことがあります。一日の秒数86400に365(日)と80(年)を掛け、閏年の20日分を加えれば電卓でも簡単に答がでます。

傘寿のあと、2年と50日生き長らえば丁度3万日になります。このような数字も覆面算に盛り込んだことがあります。

ことばもまた、配列があって初めて意味をもちます。ことばと数のふしぎです。「ことば」と「数」のふしぎさの中に遊んでみた覆面算を集めてみました。

年　月　日　時　分
所要時間　分

69 いろは（1）

まず、簡単な問題を導入にします。
「いろは…」は日本語の五十音をうまく織り込んだ歌ですが、事始めの意味でも使われます。

```
   いろろ
  ×いはに
 ―――――
   □□□
  □□□
 □□□
 ―――――
 いにほへは
```


(68)正解　178248675 × 102027729 = 18186307507509075

年　月　日　時　分

所要時間　　分

70 いろは（2）

私の書棚に若干の本が並んでいますが、その中には滅多に見ない本もあります。

最近『数学の七つの迷信』という本が眼に入りました。買った覚えも、貰った覚えもなく、七つの迷信とは何かも分からないのです。題名が面白いので早速読み始めました。

〈ヒント〉被乗数　世界最高峰の標高

　　　　　乗　数　日本最高峰の標高

```
     いいろい
    ×はにには
    ─────────
     □□□□□
    □□□□□
   □□□□□
  □□□□□
  ───────────
  ははろへととろい
```

⑥⑨正解　122 × 147 = 17934

年　月　日　時　分

所要時間　　分

71 いろは（3）

人類の文明進歩の悪影響か、地球温暖化と言われてから約20年になるでしょうが、私が子供の頃、北陸地方は毎年1～2メートルの雪が積もったけれど、最近は殆ど積もらず、老人には有り難い筈ですが、老人にとっての冬は昔より余計に寒いような気がします。私は遠赤外線放射の暖房でほぼ満足です。

```
       といいいに
     ×ほちろろろ
     ───────────
       □□□□□□
      □□□□□□
     □□□□□□
    □□□□□□
    □□□□□
    ───────────
    いろはにほへとちり
```


⑳正解　8848 × 3776 = 33410048

72 あいうえお（1）

この問題は2001年10月1日の朝刊スポーツ面の高橋尚子さんの女子マラソン世界最高の記事から作りました。被乗数あいあうは2時間19分46秒を秒数に直したもの。乗数えおいかうはマラソンの距離を上の秒数で割り、この時の秒速のコンマをとったもの、積はマラソンの距離（近似値）です。

```
       あいあう
    ×えおいかう
    ―――――――――
      □□□□□
      □□□□
    □□□□□
  □□□□□
―――――――――――
きくかけきけけこう
```


⑪正解　15552 × 37888 = 589234176

年　月　日　時　分
所要時間　分

73 あいうえお（2）

今度は演算部を６桁に揃えました。

これも４例作りましたが、積を漢字変換したら『穴か皿や輪は玉』と出たのがスリラー的で面白く、これにしました。

〈ヒント〉被乗数、乗数がともに３の倍数である事。被乗数と積の最高位が同じ数である事。最下位の３数が異なること。そして上の問題では０と１は「か」「さ」「た」にあること。等を参考にしてゆけば若干早く解けるのではないでしょうか。

```
          あかさたな
        ×はまやらわ
        -----------
             □□□□□□
            □□□□□□
           □□□□□□
          □□□□□□
         □□□□□□
-------------------
         あなかさらやわはたま
```


⑫正解　8386 × 50316 = 421949976

年　月　日　時　分
所要時間　分

74 アルファベット

教員になっても時々パズルを出すようになりました。女子高校に勤めるようになって、パズル出題がますます頻繁になりました。隣県の新潟で数学教育全国大会が開かれ、自由研究の分科会で「高校数学と虫食い算」を発表したのが縁で鈴木昭雄氏の『数芸パズル』の会員になり、それがまた縁になって「虫食い算研究室」を担当したりして参りましたが、その結果がパズル懇話会会員です。

```
        A B C D E
      × F G F D H
      -----------
      □□□□□□
     □□□□□□
    □□□□□□
    □□□□□
   □□□□□□
  ---------------
  H E H F A B C B B B
```

⑬正解　63102 × 98754 = 6231574908

年　月　日　時　分

所要時間　分

75 五行・三才（1）

今回の問題は、以前から作れるかどうかは分からないが一度作ってみたかった問題です。パソコン利用の解法もあるでしょうが、初等数学の簡単な知識で試行錯誤の回数をかなり減らせるだろうと思います。

```
        日月火水木
      ×金土天地人
      ──────────
        □□□□□□
       □□□□□□
      □□□□□□
     □□□□□□
    □□□□□□
 ────────────────
日月木人地金水土火天
```


㉔正解　60875 × 41472 = 2524608000

年　月　日　時　分
所要時間　分

76 五行・三才（2）

〈ヒント〉この問題は演算部がみな８桁であることから、日は３以上でない、さらに２でもないと分かれば１でしかないと分かるから、後は土、地から自然に出てきます。

```
      日月火水木金土日
×             日日金木
─────────────────────
      □□□□□□□□
     □□□□□□□□
    □□□□□□□□
   □□□□□□□□
─────────────────────
   土地地土地地地地地日木
```


(75)正解　10482 × 97653 = 1023598746

年　月　日　時　分
所要時間　分

77 五行・三才（3）

五月も半ばを過ぎると朝 4 時半頃に烏が盛んにカァカァ騒ぐので目を覚まします。烏は地球が丸い事も、それが 23.5 度傾きつつ自転している事も知らないでしょう。

```
          金日金水木日地
       ×   木金木金木金
       ──────────────
          □□□□□□□
         □□□□□□□
        □□□□□□□
       □□□□□□□
      □□□□□□□
     □□□□□□□
     ──────────────────
     月火水木金土土金木水火月
```


(76)正解　17654321 × 1134 = 20020000014

78　五行・三才（4）

1971年8月、東京理科大で数学教育全国大会が開催され、自由部会で私が「完全方陣」を発表した折、高木茂男先生に初めて会い、大会の後、先生のご自宅まで参上し、いろいろお話を聞き、ご馳走になり、私のパズル人生の基となりました。

```
      東西東西東西東西東西
 ×                春夏秋
 ─────────────────────────
      □□□□□□□□□□
    □□□□□□□□□□
  □□□□□□□□□□
 ─────────────────────────
  夏冬夏夏夏夏夏夏夏夏冬夏
```

⑰正解　2024308 × 323232 = 654321123456

年　月　日　時　分

所要時間　分

79 ことばあそび (1)

積を童謡から諺などに変え、面白い言葉を皆さんから頂いています。詩人谷川俊太郎氏の詩『かっぱ』の「かっぱなっぱいっぱかった」にはこんな言葉が沢山並んでいたのが面白かったので。

かるくかった
×くたいぱっい
□□□□□□
□□□□□□□
□□□□□□
□□□□□□□
□□□□□□□
かっぱなっぱいっぱかった

(78)正解　$1313131313 \times 462 = 606666666606$

年　月　日　時　分

所要時間　分

80 ことばあそび（2）

早口ことばとして、意味がよくわからないままに、誰でも子供の時から口にしたことのあるものです。

```
        ひごごふごみな
      ×むごむまなめご
      ──────────────
        □□□□□□□
       □□□□□□□
     □□□□□□□□
    □□□□□□□
   □□□□□□□
  □□□□□□□
──────────────────────
なまむぎなまごめなまたまご
```


⑦⑨正解　429405 × 951801 = 408708108405

年　　月　　日　　時　　分
所要時間　　　　分

81 ことばあそび (3)

ちょっと噴き出したせりふが目についたので、問題にしてみました。

```
　　　　　　イモキシワスシ
　　　　　×シキワヨヨシシ
　　　　　－－－－－－－－
　　　　　　□□□□□□□
　　　　　□□□□□□□
　　□□□□□□□
　□□□□□□□
□□□□□□□
－－－－－－－－－－－－－
ワタシモスキヨキスモシタワ
```


(80)正解　1552537 × 4540765 = 7049705670805

82 ことばあそび（4）

年を取るとなんでも忘れっぽくなります。元々英語が不得意の私ですが、今回はバイオリズムについて書こうと思っていたら、そのバイオ…と言う言葉が仲々思い出せない。調子の良い時には神様のお助け？で不思議な問題が作れる程になりますが、悪い時は焦れば焦るほど神様が邪魔をするようです。

枚方にいた孫は２人、ともに男ですが、お姫様とのご縁を願って。

```
      おじじたかおか
    ×まごはひらかた
    ─────────────
      □□□□□□□□
     □□□□□□□□
    □□□□□□□□
   □□□□□□□□
  □□□□□□□□
 □□□□□□□
 ─────────────
 めからひめごごごめからひめ
```

年　月　日　時　分

所要時間　分

83 ことばあそび (5)

夏目漱石流をねらっていましたが、猫でなく犬になりました。鳴き声を添えて。

わがい犬ははあ

×わでわ犬わるあ

□□□□□□□

□□□□□□□

□□□□□□□

□□□□□□□□

□□□□□□□

□□□□□□□

わがはいは犬であるわんわん

㉜正解　5882353 × 1079432 = 6349600063496

年　月　日　時　分

所要時間　分

84 ことばあそび（6）

定年退職して 21 年目に入りました。最近よく夢を見ますが、その中でもっとも多いのは高校で授業をしている夢や職員室でいろいろ困ったり、大分前に亡くなった筈の先生に逢って懐かしがったり驚いたりする夢です。

特に英語など数学以外の授業をさせられ、「助けてー」と思って眼が覚めホッとすることがしばしばです。

意外に不思議な問題ができました。

```
      いろははははははははにほ
×                     へとほい
-------------------------------
      □□□□□□□□□□□□
    □□□□□□□□□□□□
  □□□□□□□□□□□□
□□□□□□□□□□□□
-------------------------------
ろろろろろはははははほほほほほ
```

85 ことばあそび（7）

私が子供の時、両親等から日本は小さい国だと聞かされていましたが、サッカーのお陰でベルギー、チュニジアは日本の人口の1/10以下、トルコはそれの半分程と知ったりして、世界地図帳や年鑑などで世界の国々を見て楽しみました。

いろいはいははにほ
× ろほほはいはへに
□□□□□□□□□
□□□□□□□□□□
□□□□□□□□□
□□□□□□□□□
□□□□□□□□□
□□□□□□□□□□
□□□□□□□□□□
□□□□□□□□□
いいいいにととろほにちちちほといろ

㉞正解　179999999982 × 4321 = 777779999922222

年　月　日　時　分
所要時間　分

86 ことばあそび (8)

歌と数字に入れるべきかとも思いますが、歌ではありませんので、ここにのせます。

```
          つれたうはぐに
        ×たれたらみよれ
        ────────────────
          □□□□□□□□
         □□□□□□□□
        □□□□□□□□
       □□□□□□□□
     □□□□□□□□
  ──────────────────────
  うたはよにつれよはうたにつれ
```


㉟正解　161414428 × 68841472 = 11112006825558016

年　月　日　時　分
所要時間　分

87 並んだ文字（1）

◎、赤、青、黄はそれぞれ特定の数字で、□はそれら以外の数字です。これらを更に◎を緑、□を白にしてカラー覆面算にしたかったのですが……。この被乗数、乗数、積を求めてください。

```
　　　　　　　　　赤□□赤□□赤□
　　　　　　　×□□□□□□□□□
―――――――――――――――――
　　　　　　　　◎赤青◎赤青◎赤青
　　　　　　　赤◎黄赤◎黄赤◎黄
　　　　　　青黄◎青黄◎青黄◎
　　　　　◎赤青◎赤青◎赤青
　　　　赤◎黄赤◎黄赤◎黄
　　　青黄◎青黄◎青黄◎
　　◎赤青◎赤青◎赤青
　赤◎黄赤◎黄赤◎黄
青黄◎青黄◎青黄◎
―――――――――――――――――
青□□赤□□□□□□赤□□青□□青
```


㊱正解　8075192 × 7076340 = 57142804157280

88　並んだ文字（2）

　教諭時代の終わり頃、ポケット電卓で整数の素因数分解が早く簡単に出来るのに興味を持ったことがあります。退職後、さらにパソコンに代わりました。

□には 7 以外

　　　　　　　　　　　□□□□□□□□□□□□
　　　　　　　　　　×□□□□□□□□□□□□
　　　　　　　　　　　7□□□7□□□7□□□
　　　　　　　　　　□7□□□7□□□7□□
　　　　　　　　　□□7□□□7□□□7□
　　　　　　　　□□□7□□□7□□□7
　　　　　　　7□□□7□□□7□□□
　　　　　　□7□□□7□□□7□□
　　　　　□□7□□□7□□□7□
　　　　□□□7□□□7□□□7
　　　7□□□7□□□7□□□
　　□7□□□7□□□7□□
　□□7□□□7□□□7□
□□□7□□□7□□□7
□□□□□□□□□□□□□□□□□□□□□□□

(87)正解　59059059 × 796796796 = 47058068985974964

刊行にあたって

大正10年（1921）8月4日生まれの父は、虫食い算や魔方陣の作成にいそしんで来ました。今世紀に入るという節目を迎えた時の喜びから、出題のタイトルを「新世紀・新覆面算」として、月刊誌『こんわかい・NEWS』に投稿してきました。覆面算の中でも父のこだわりは、掛け算の積にあてることばや数字の配列のユニークさにあったようです。

数学に弱い私たちには、問題を解く能力がほとんどありませんでしたが、父がとりあげる昔懐かしい歌詞や、諺には心にひびくものがありました。『こんわかい・NEWS』では、とりあげた歌の歌詞がほとんど全て紹介され、父のその歌に対する思い出などがつづられています。歌の多くは私たちにとっても子供時代によく聞いた思い出深いものです。

毎回の『こんわかい・NEWS』誌上では、各問題に解答下さった方々の問題に対する感想や解法、それに対してさらに父の感想なども書かれています。

本書には、問題そのものを中心として掲載することにしました。88回のうちには父の手元には見つけられない掲載誌もあり、本書への再掲をはじめ、武純也様に御理解と御協力をいただきました。

2001年に第1回の掲載が始まり、2008年に88回を迎えるちょうど真中の2004年に、父は入院して手術を受けました。1ヶ月余の入院の間も父は「問題を思いついた。早く机の所に行きたい」と私たちに語っていました。

懇話会会員の皆様の御協力もあって、お蔭様でここまで続ける事ができたと思います。「発刊に寄せて」を執筆いただいた武純也様、そして励ましや御協力をいただいた皆様に厚く御礼申し上げます。

ナカニシヤ出版社長中西健夫様には、前著の『数のふしぎ・数のたのしみ』（ナカニシヤ出版、2000年）に続いて出版をお引き受けいただきましてまことに有難うございます。

⑧⑧正解　121912191219 × 348634863486 = 42502840142915192929434

また、この７年間余の半分近くを住居としている「リゾートビラ雨晴」でお世話いただいている方々にも、心から御礼申し上げたいと思います。

父は米寿を迎えることとなりましたが、今後も「リゾートビラ雨晴」から富山湾と立山連峰を眺めながら、元気で問題作成を続けてくれることを念じています。

2009 年春

真理子・真知子

著者紹介

山本　行雄　(やまもと・ゆきお)

1921年(大正10年)　富山県高岡市生まれ

1943年　東京物理学校　数学部　高等師範科卒

1943年　富山県立神通中学校教諭

1948年　富山県立高岡高等学校教諭

1967年　富山県立高岡女子高等学校教諭

1982年　定年退職

現　在　パズル懇話会会員など。

著　書　『数のふしぎ・数のたのしみ』

　　　　ナカニシヤ出版，2000年，など。

新覆面算《ふくめんざん》

―続 数のふしぎ・数のたのしみ―

2009年8月4日　初版第1刷発行　　　定価はカバーに表示してあります

著　者　　山　本　行　雄

発行者　　中　西　健　夫

発行所　　株式会社　ナカニシヤ出版

〒606-8161　京都市左京区一乗寺木ノ本町15

電 話 (075) 723-0111

FAX (075) 723-0095

ホームページアドレス http://www.nakanishiya.co.jp/

e-mail iihon-ippai@nakanishiya.co.jp

印刷・製本／ファインワークス　　ISBN978-4-7795-0378-8　C1041

JASRAC 出0908364-901